런런 속스피드 수학

5권

시간과 화폐

안녕, 나는 페니야.

안녕, 나는 한스야.

차례

하루 동안 일의 순서 ·············· 2

초, 분, 시간 ·············· 4

몇 시 알기 ·············· 6

시곗바늘 그리기 ·············· 8

몇 시 30분 알기 ·············· 10

더 빠른, 더 느린 ·············· 14

먼저, 나중 ·············· 15

더 긴, 더 짧은 ·············· 16

시간 계산하기 ·············· 17

여러 가지 동전 ·············· 18

동전 세기 ·············· 20

동전 계산하기 (1) ·············· 22

동전 계산하기 (2) ·············· 24

동전 계산하기 (3) ·············· 26

물건값 계산하기 ·············· 28

여러 가지 지폐 ·············· 30

나의 실력 점검표 ·············· 32

정답 ·············· 33

 동그라미 하기

 색칠하기

 수 세기

 그리기

 스티커 붙이기

 선 잇기

 놀이하기

따라 쓰기

쓰기

하루 동안 일의 순서

 일이 일어난 순서대로 알맞은 그림을 찾아 1부터 6까지 차례대로 선으로 이으세요.

> 너는 학교에 가기 전에 아침으로 무얼 먹니? 나는 토스트를 먹어. 냠냠!

잠자기 전에 목욕을 해요.

저녁에 텔레비전을 봐요.

1

2

친구들과 점심을 먹어요.

3

아침을 먹어요.

> 나는 시리얼이 좋아!

4

학교에 가요.

5

선생님과 오후에 수업을 해요.

6

학교

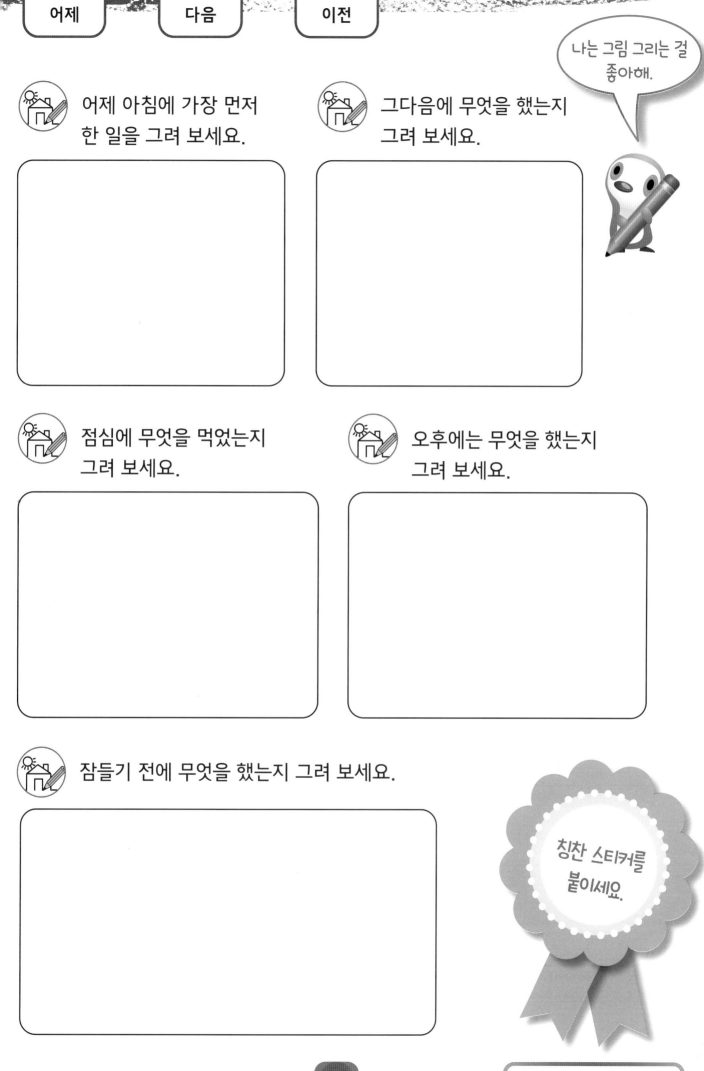

나는 그림 그리는 걸 좋아해.

어제 아침에 가장 먼저 한 일을 그려 보세요.

그다음에 무엇을 했는지 그려 보세요.

점심에 무엇을 먹었는지 그려 보세요.

오후에는 무엇을 했는지 그려 보세요.

잠들기 전에 무엇을 했는지 그려 보세요.

칭찬 스티커를 붙이세요.

문제를 다 푼 다음, 32쪽으로!

초, 분, 시간

초	분	시간
		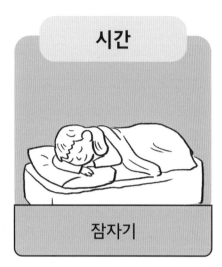
기침하기	먹기	잠자기

 시간이 얼마나 걸리는 일인지 보고, 각 칸을 알맞은 색으로 칠하세요.
몇 초가 걸리면 빨강으로 칠하세요.
몇 분이 걸리면 초록으로 칠하세요.
몇 시간이 걸리면 파랑으로 칠하세요.

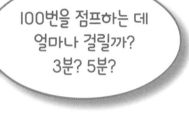

100번을 점프하는 데 얼마나 걸릴까?
3분? 5분?

100번 점프하기

하품하기

비행기로 여행하기

넘어지기

1부터 100까지 숫자 쓰기

🌙 그림을 보고 각각 시간이 얼마나 걸리는지
알맞은 초, 분, 시간 스티커를 붙이세요.

눈을 깜빡이는 데
몇 초가 걸릴까?

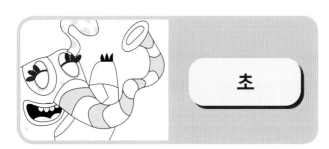

초

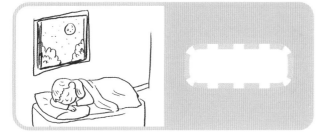

🤸 시간 재기 놀이

스톱워치 또는 타이머를 사용하여 시간 재기 놀이를 해 보세요.
세수하는 시간, 밥 먹는 시간, 블록 놀이 하는 시간, 학습지 푸는 시간 등을
재 보고, '초, 분, 시간' 중 어떤 단위가 사용되었는지 말해 보세요.

칭찬 스티커를
붙이세요.

놀이터까지 달려가는 데
얼마나 걸릴까?

문제를 다 푼 다음, 32쪽으로!

몇 시 알기

긴바늘은 '분'을 알려 줘.
긴바늘이 12를 가리키면
짧은바늘이 가리키는 숫자
보며 '몇 시'라고 읽어.
이 시계는 지금 8시를
가리키고 있어.

짧은바늘은 '시'를 알려 줘.

긴바늘

8시   2시

 알맞은 시각에 ◯표 하세요.

1시
6시

10시
3시

7시
4시

11시
5시

12시
9시

6시
12시

 시계를 보고 ◯ 안에 알맞은 시각을 쓰세요.

긴바늘이 12를 가리킬 때 짧은바늘이 가리키는 숫자에 '시'를 붙여서 읽어. 긴바늘이 12, 짧은바늘이 7을 가리키니까 7시야.

7 시

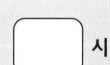 시

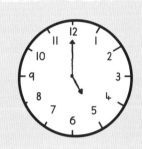
 시

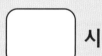 시

 시

 시

잘했어!

칭찬 스티커를 붙이세요.

 시계 보기 놀이

집과 유치원에서 긴바늘과 짧은바늘이 있는 시계를 찾아보세요.
시계의 긴바늘이 12를 가리킬 때 짧은바늘이 가리키는 숫자를 읽어 보세요.
그리고 '몇 시'인지 말해 보세요.

문제를 다 푼 다음, 32쪽으로!

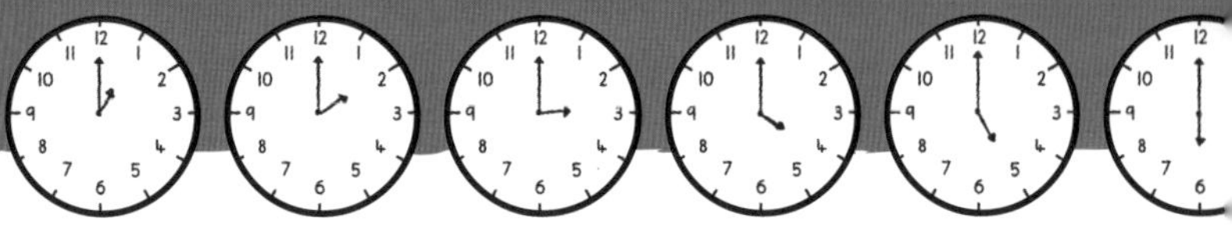

시곗바늘 그리기

 시각에 맞게 시계의 긴바늘과 짧은바늘을 그리세요.

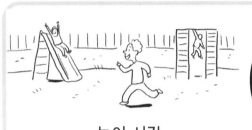

아침 시간

8시

긴바늘이 12를 가리킬 때 짧은바늘이 가리키는 숫자에 '시'를 붙여서 시각을 읽어 봐.

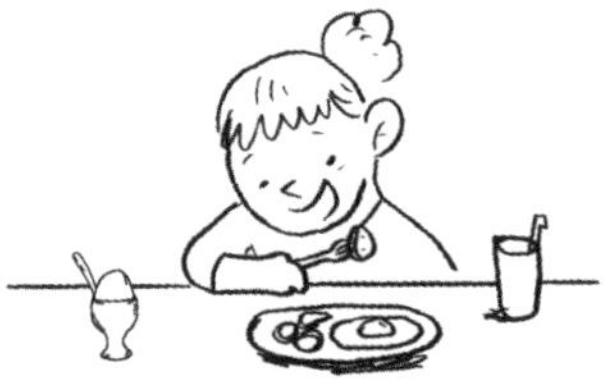

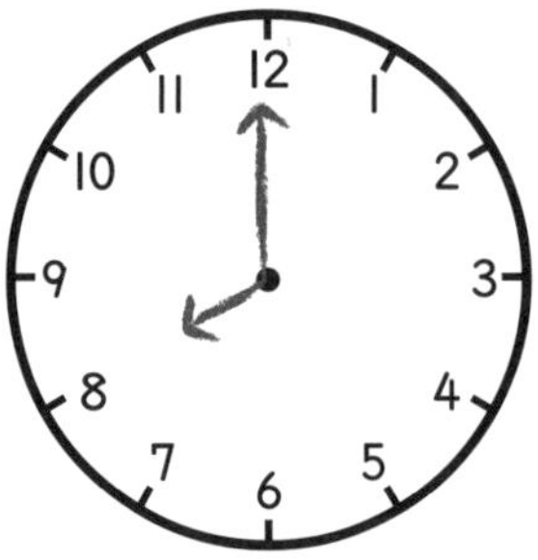

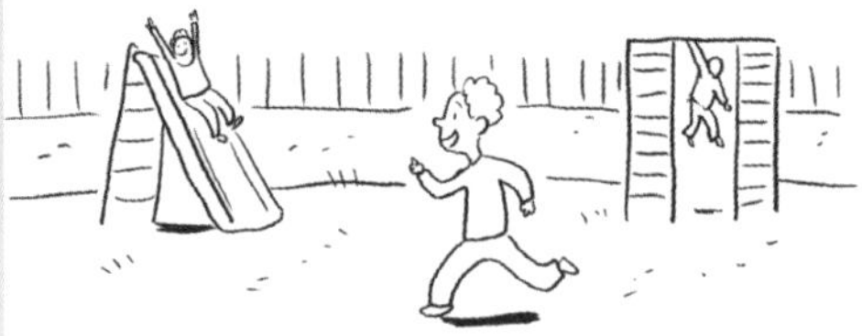

놀이 시간

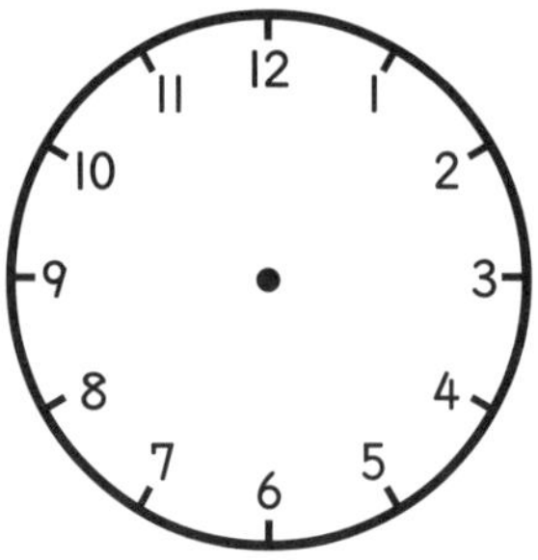

10시

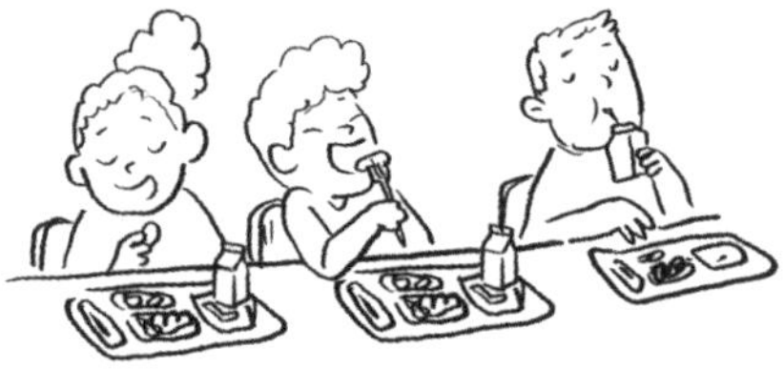

점심시간

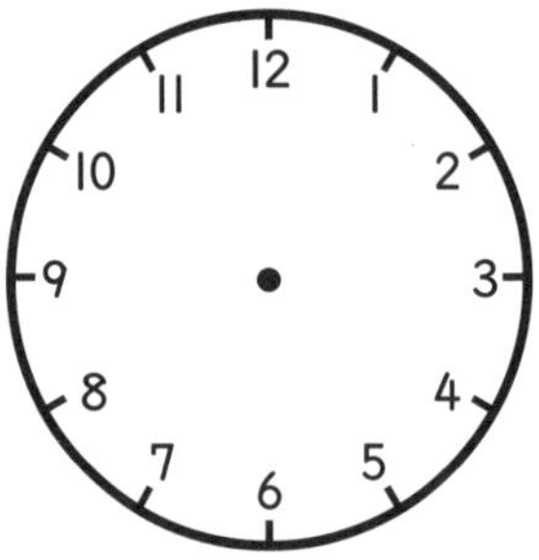

12시

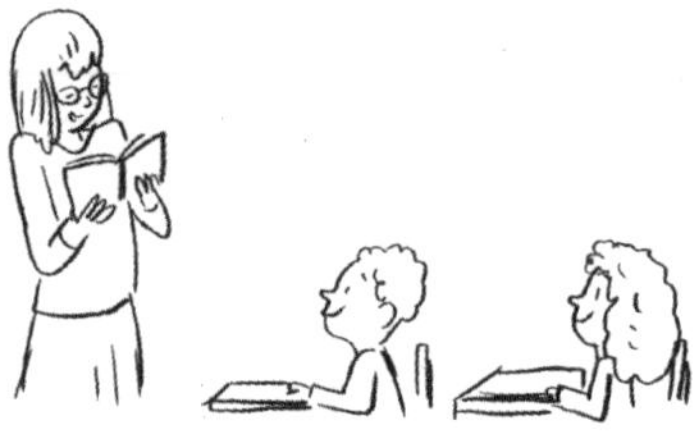

수업 시간

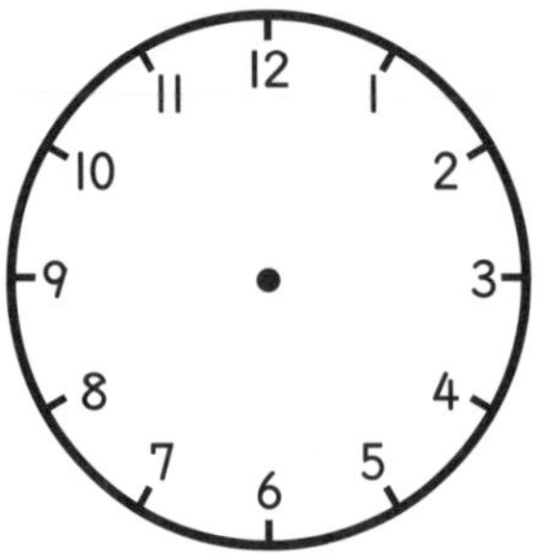

3시

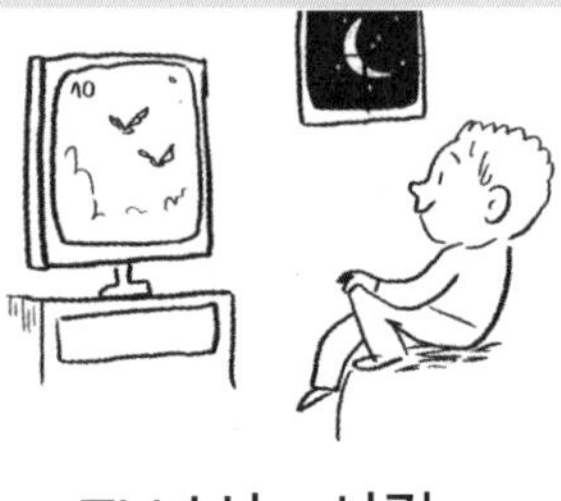

TV 보는 시간

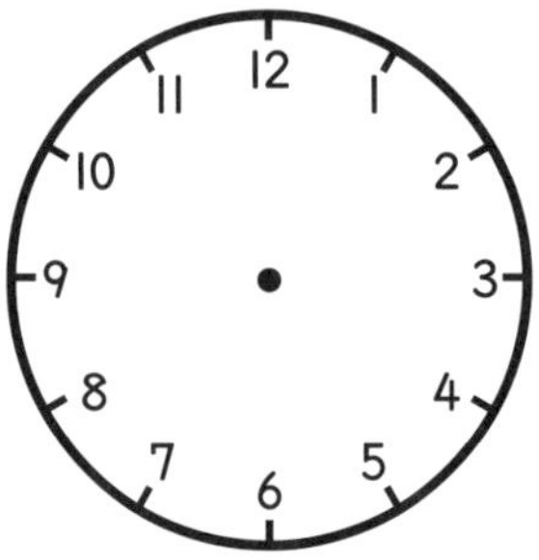

7시

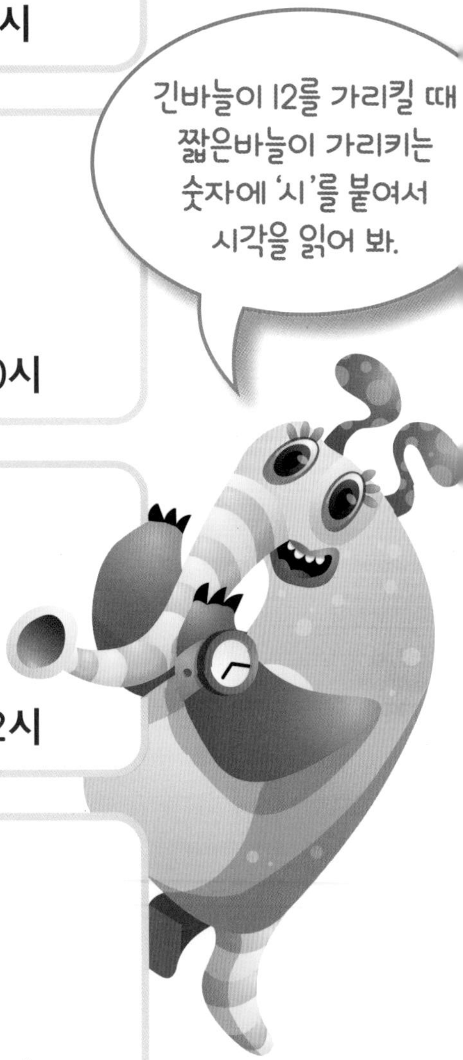

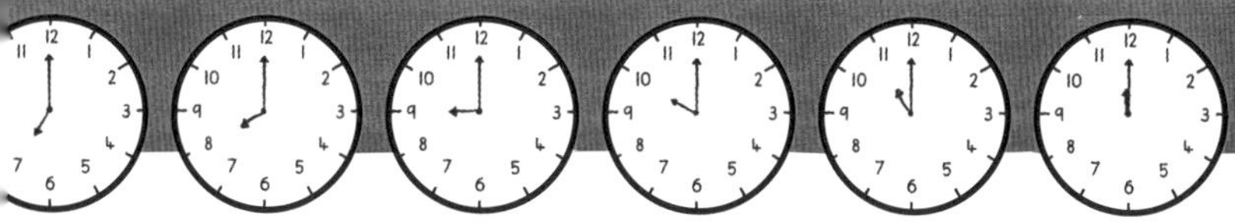

 시각에 맞게 시계의 긴바늘과 짧은바늘을 그리세요.

'몇 시'일 때 시계의 긴바늘이 어디에 있는지 잘 기억해 봐!

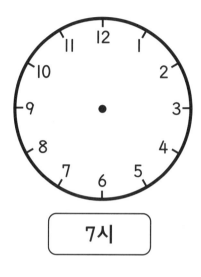

7시

10시

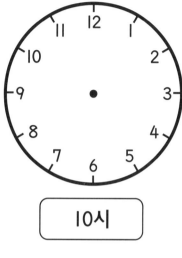

11시

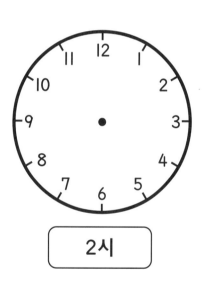

2시

잘했어!

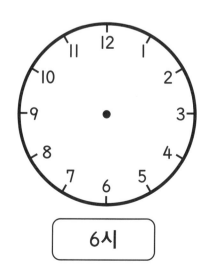

6시

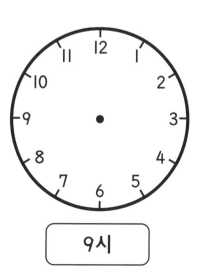

9시

칭찬 스티커를 붙이세요.

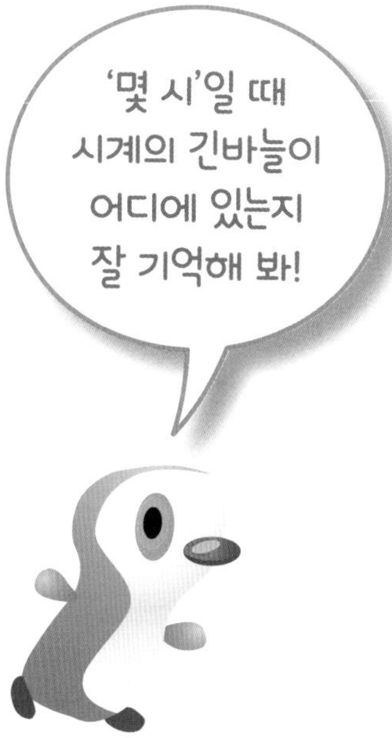

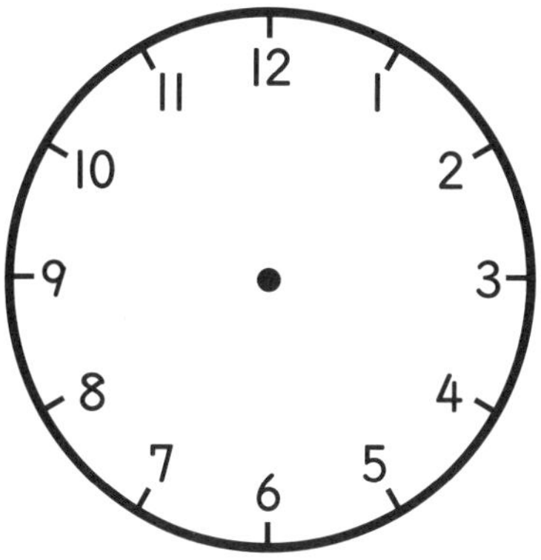

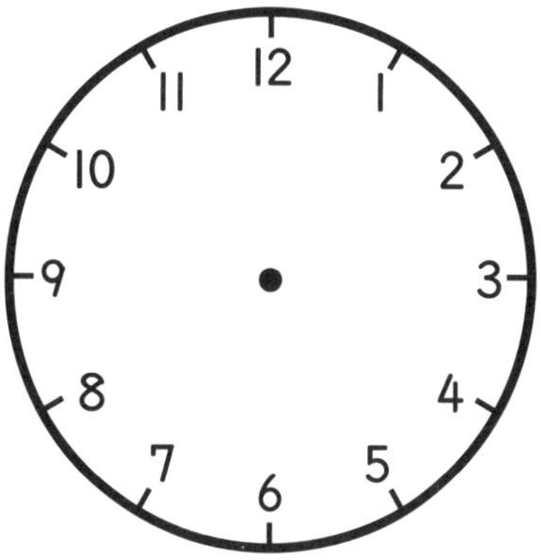

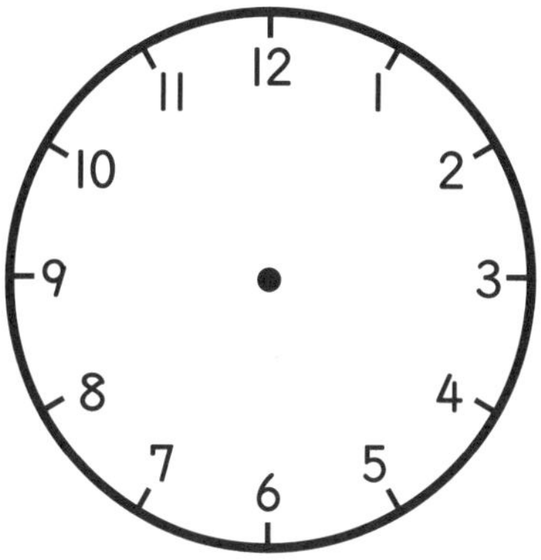

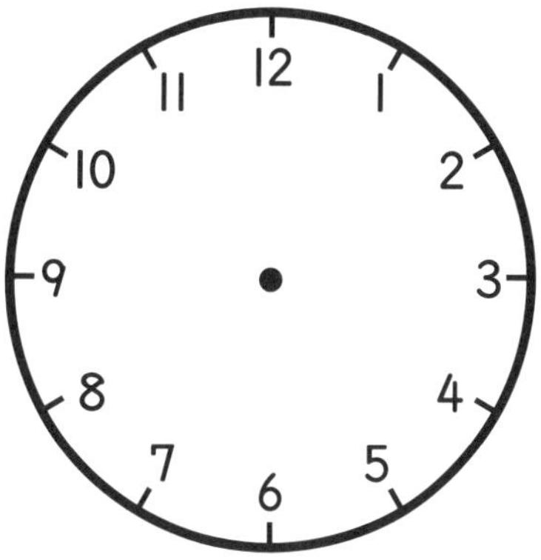

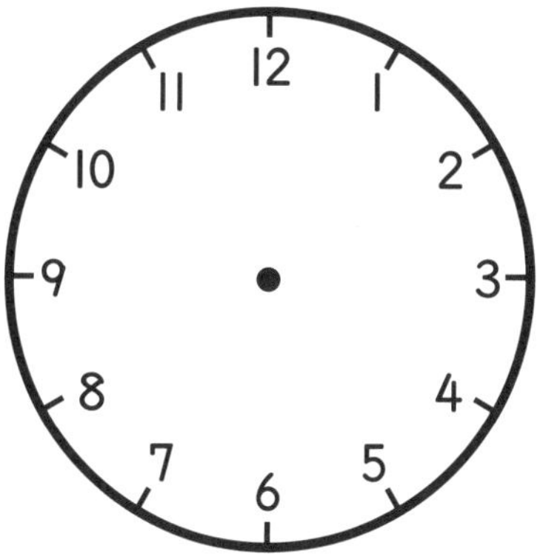

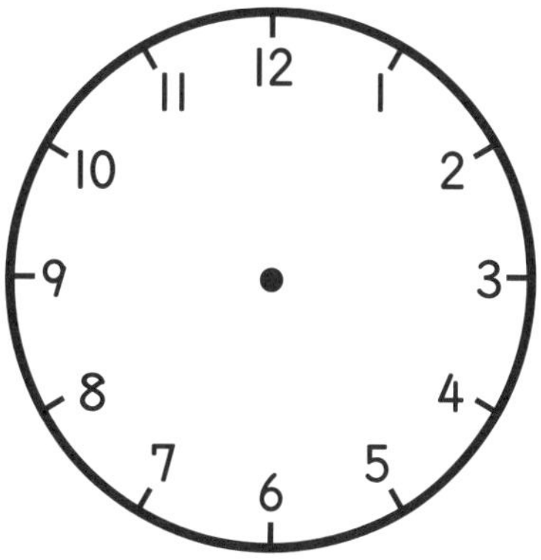

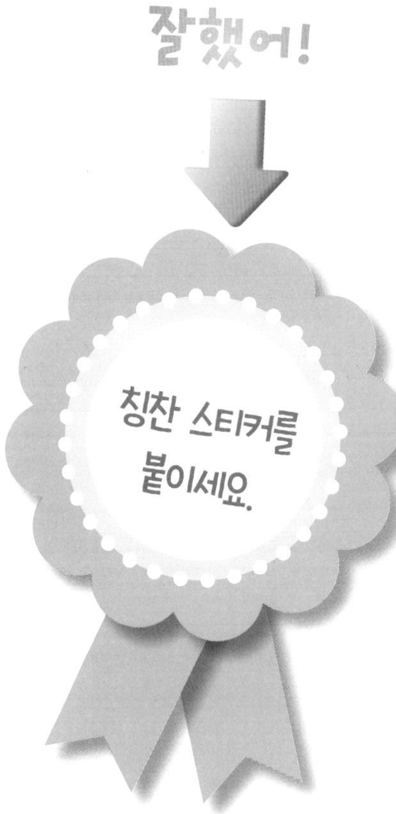

문제를 다 푼 다음, 32쪽으로!

몇 시 30분 알기

긴바늘이 6을 가리킬 때 '몇 시 30분'이라고 해.

짧은바늘이 5와 6 사이에 있고, 긴바늘이 6을 가리키면 5시 30분이야.

 30분을 나타내는 시계를 모두 찾아 색칠하세요.

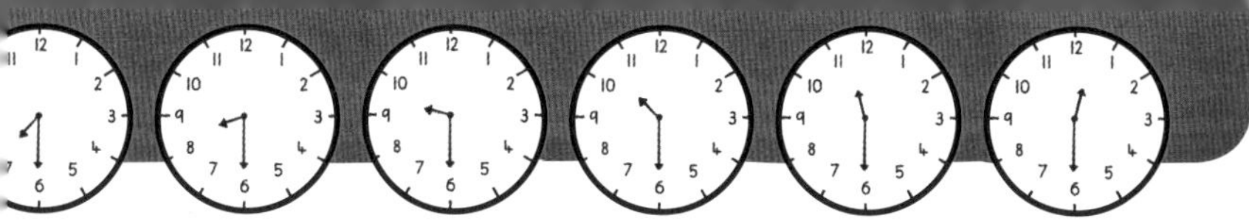

 시계의 긴바늘 위치를 잘 보고, 알맞은 시각과 선으로 이으세요.

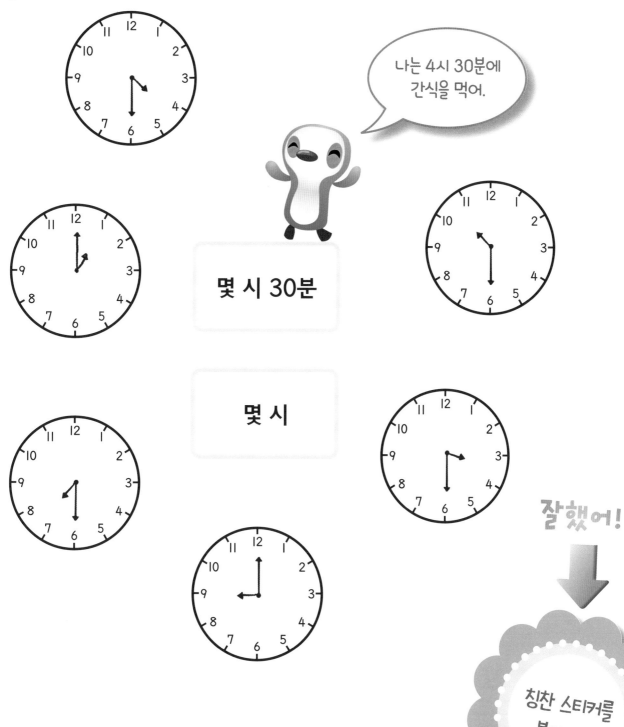

나는 4시 30분에 간식을 먹어.

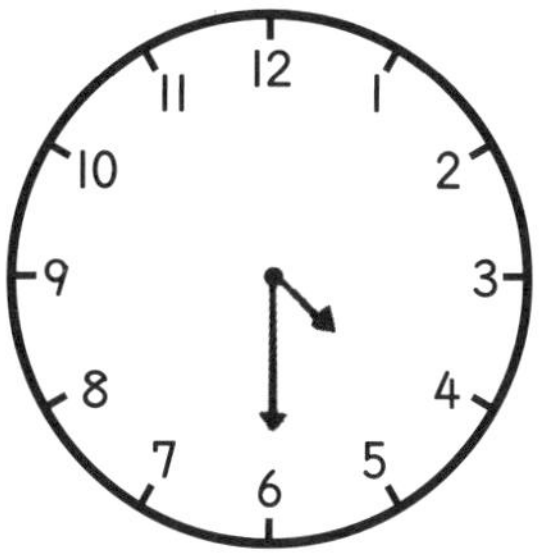

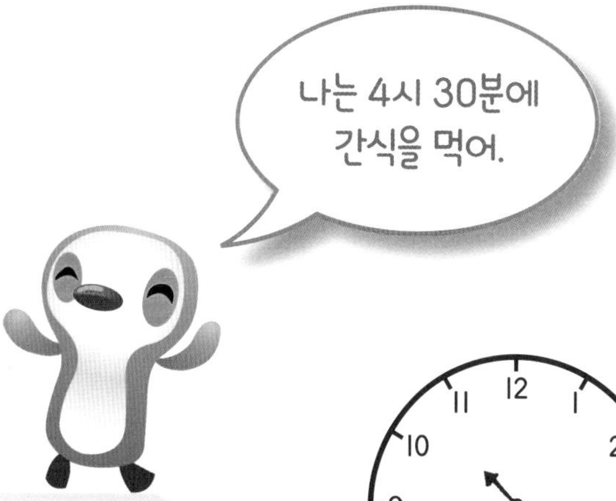

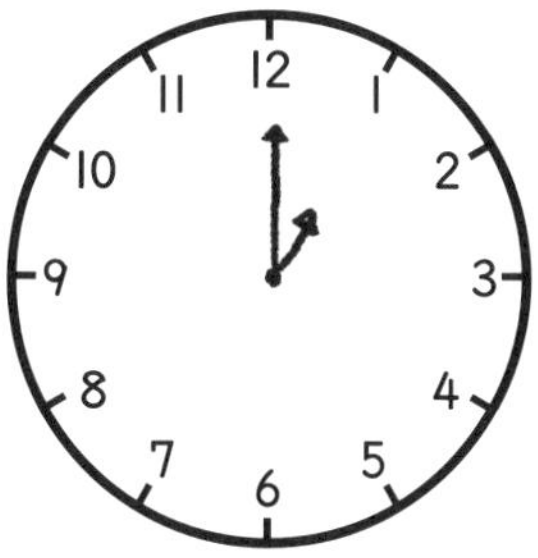

몇 시 30분

몇 시

잘했어!

칭찬 스티커를 붙이세요.

문제를 다 푼 다음, 32쪽으로!

 시계 놀이

집과 학교에서 '몇 시 30분'을 가리키는 시계를 찾아보세요.
시계의 긴바늘과 짧은바늘이 가리키는 숫자를 말해 보고, 시각을 읽어 보세요.
또 그 시각을 나타내도록 시계를 똑같이 그려 보세요.

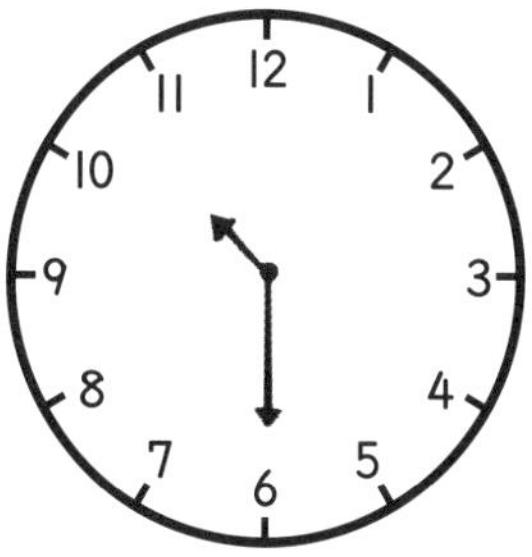

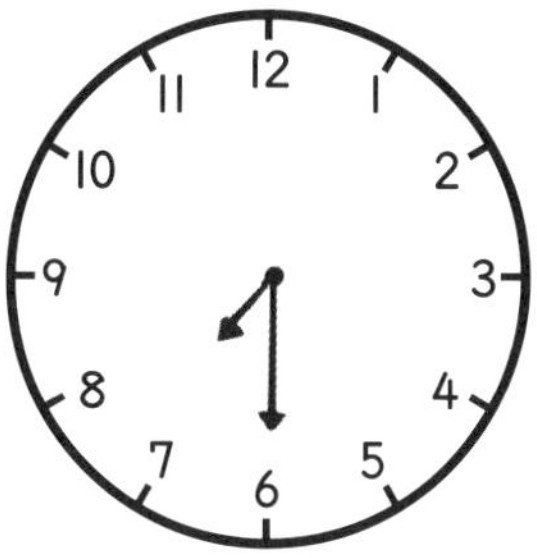

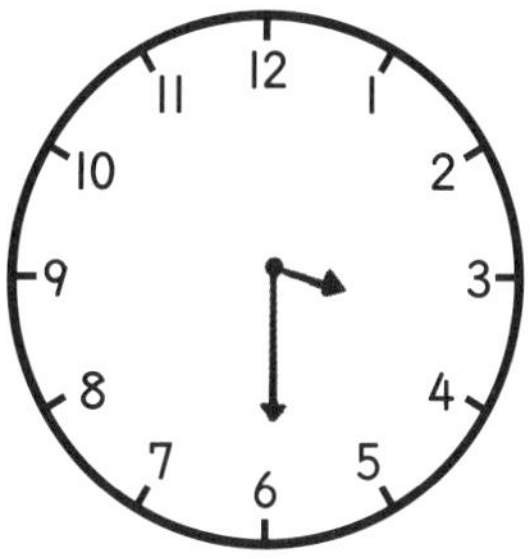

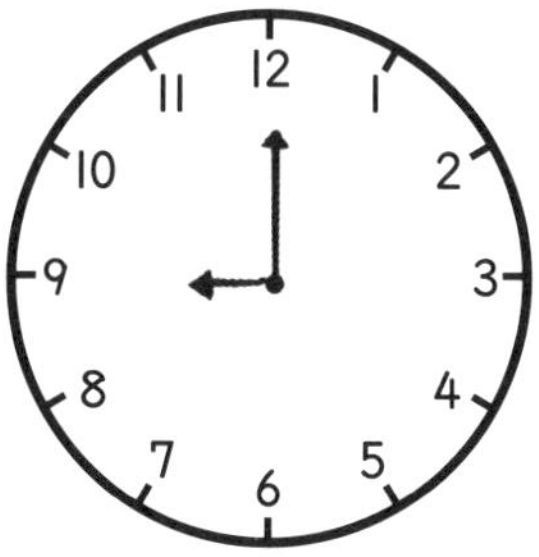

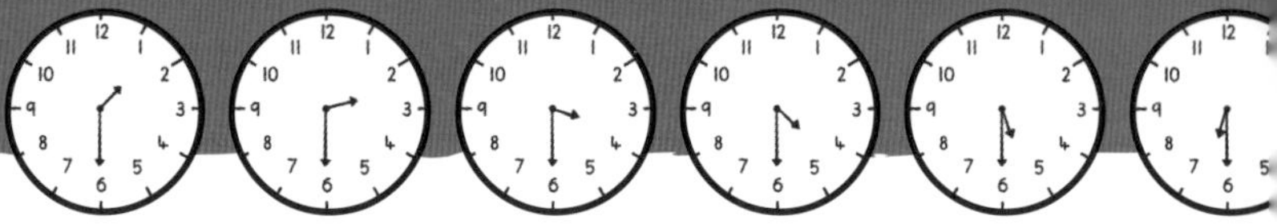

 시계를 보고 알맞은 시각에 ◯표 하세요.

시각을 또박또박 읽어 봐!

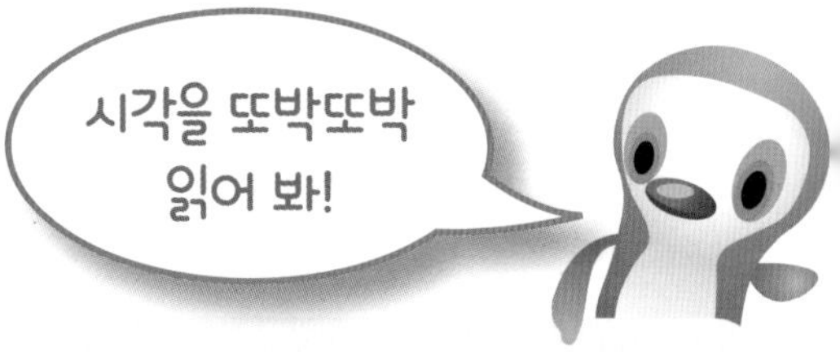

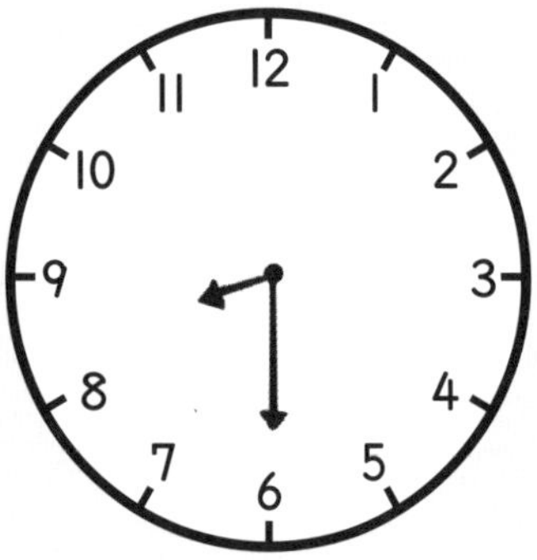

8시 30분   2시 30분

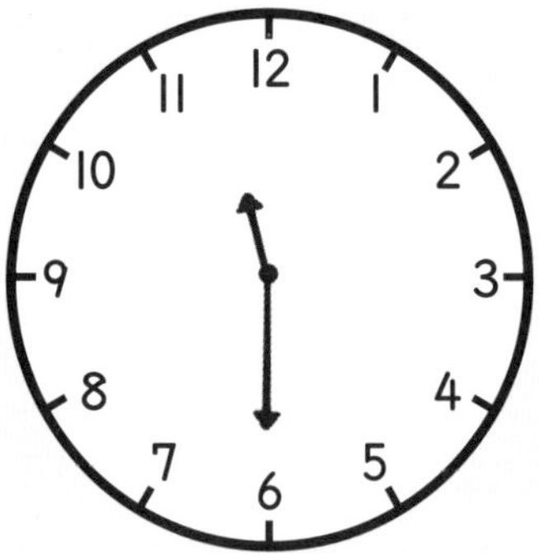

11시 30분   6시 30분

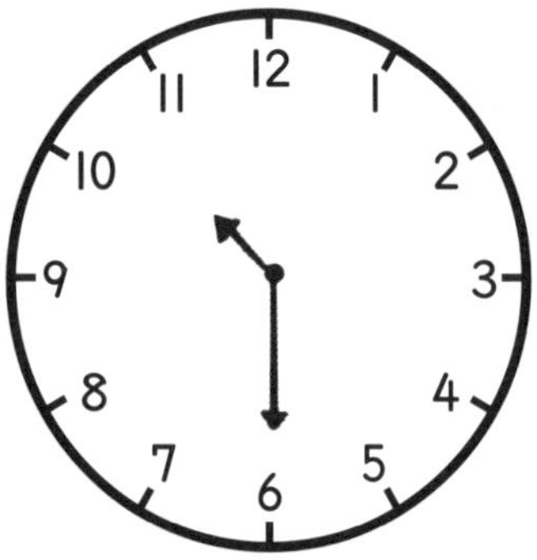

10시 30분   4시 30분

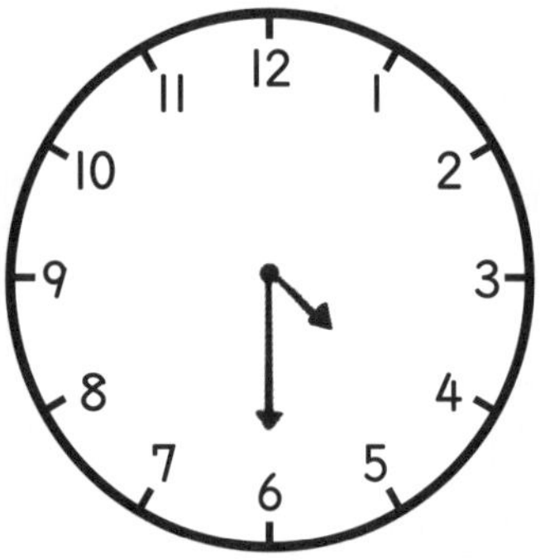

7시 30분   4시 30분

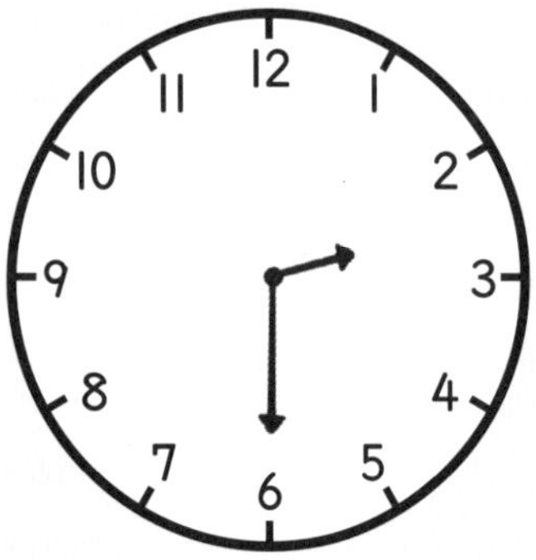

2시 30분   5시 30분

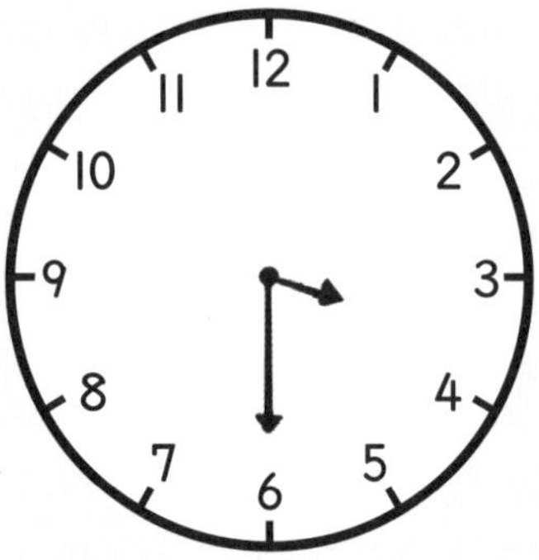

12시 30분   3시 30분

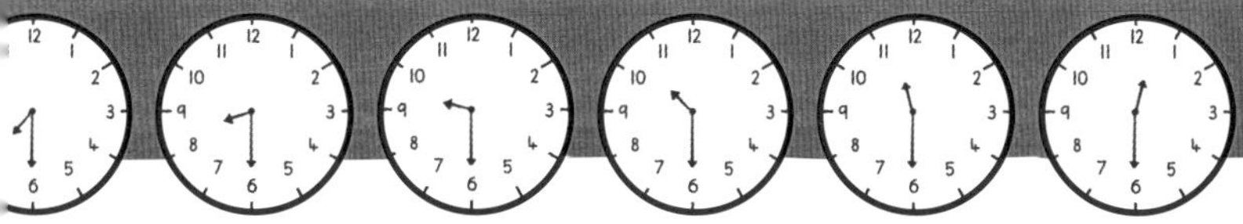

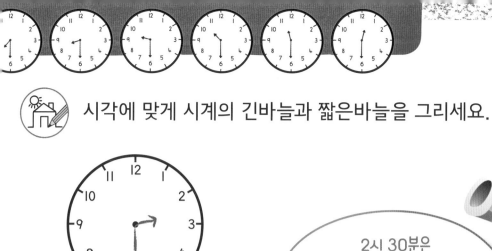

시각에 맞게 시계의 긴바늘과 짧은바늘을 그리세요.

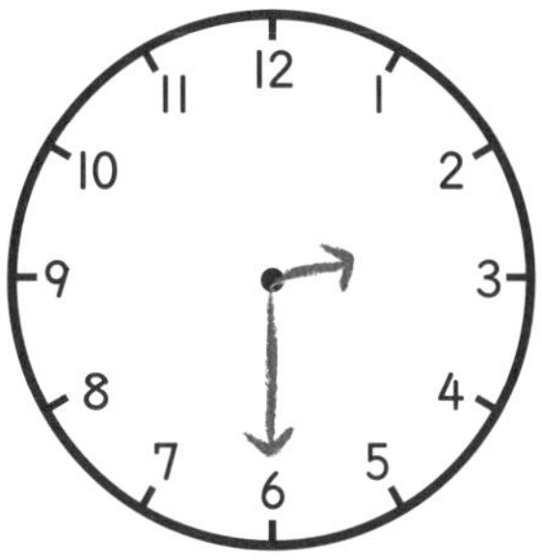

2시 30분

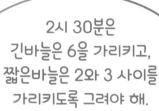

2시 30분은 긴바늘은 6을 가리키고, 짧은바늘은 2와 3 사이를 가리키도록 그려야 해.

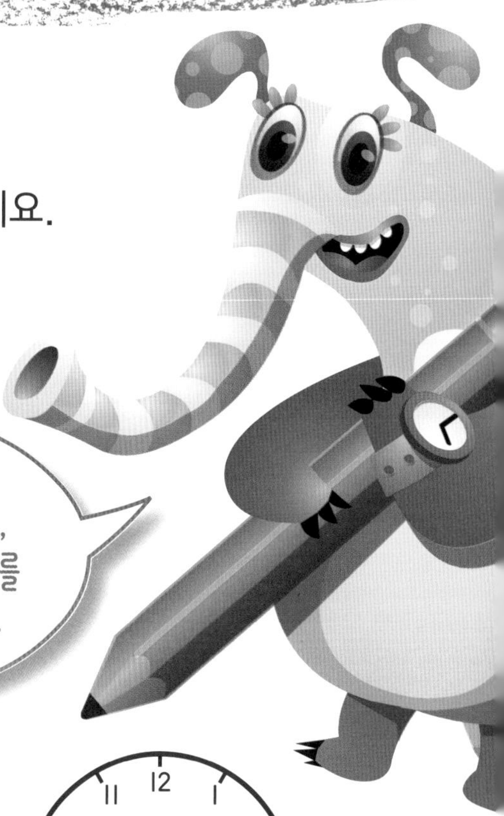

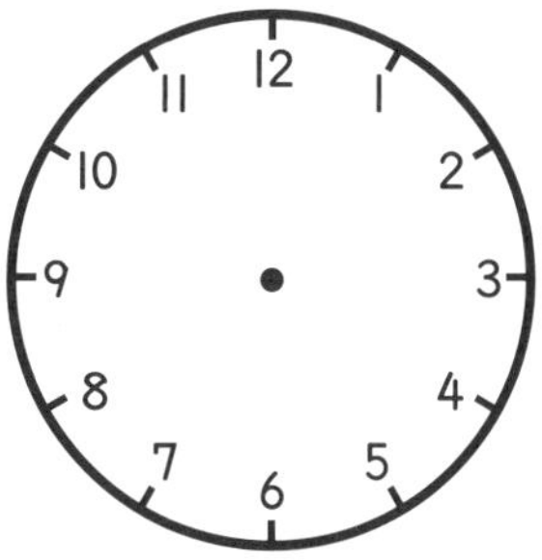

8시 30분

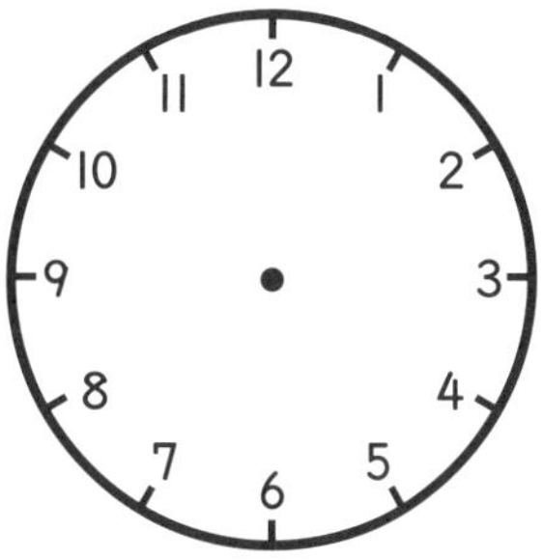

5시 30분

3시 30분

10시 30분

6시 30분

잘했어!

칭찬 스티커를 붙이세요.

4시 30분

7시 30분

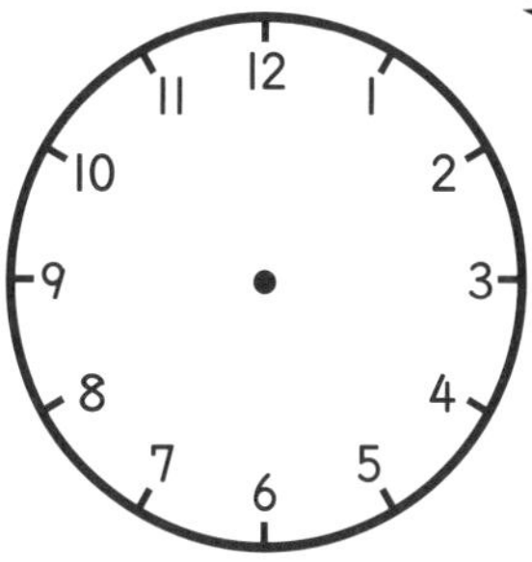

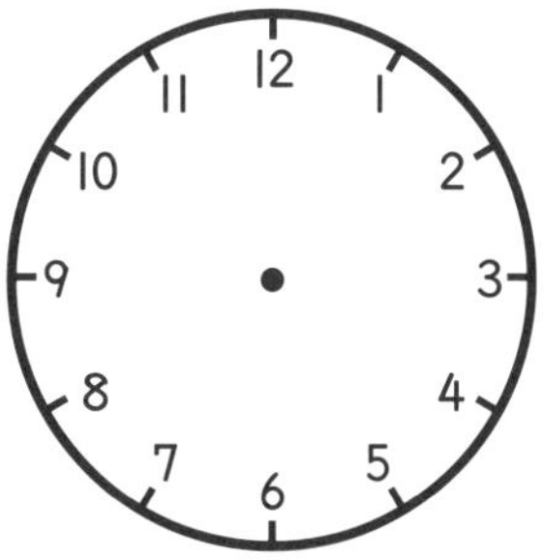

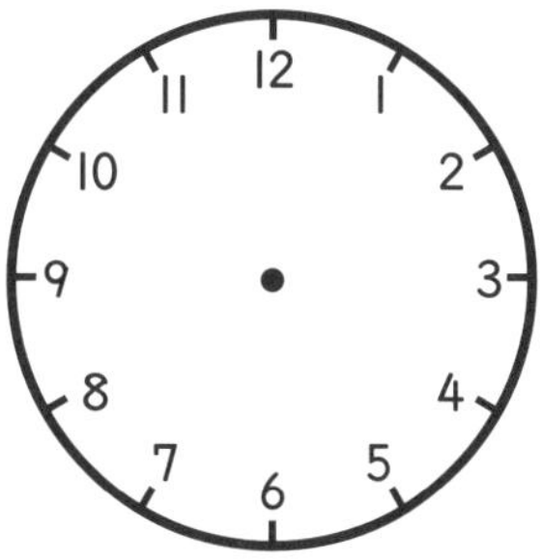

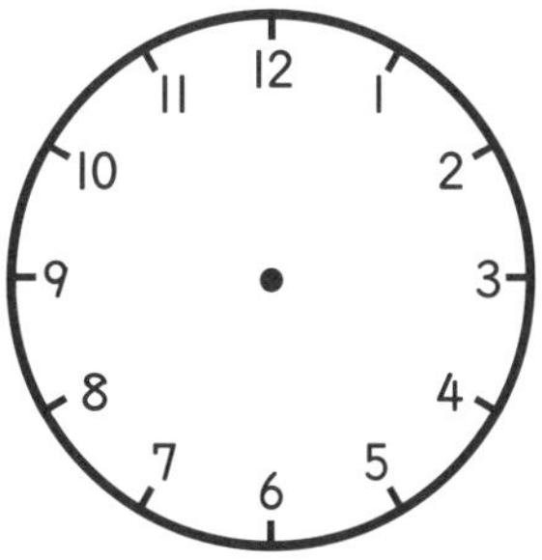

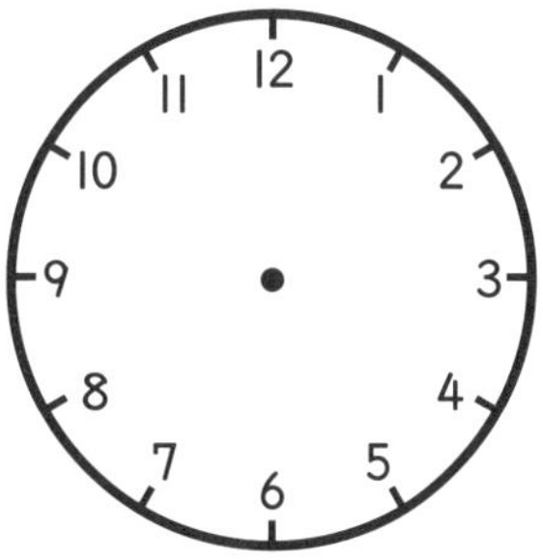

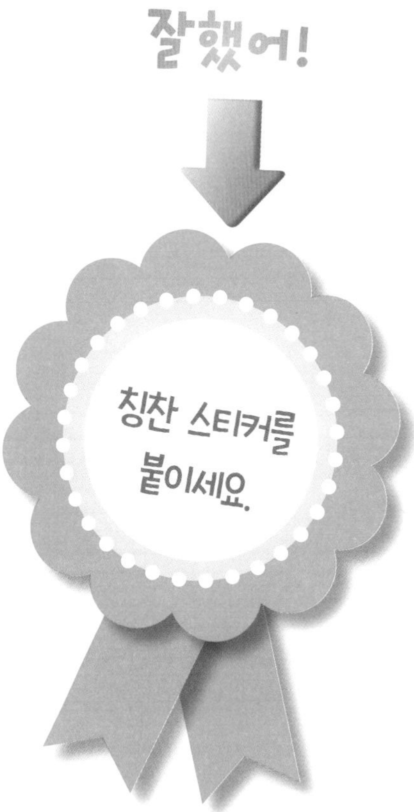

더 빠른, 더 느린

 더 느리거나 더 빠르게 움직이는 것을 그리세요.

버스는 비행기보다 더 느려.

더 빠른	더 느린

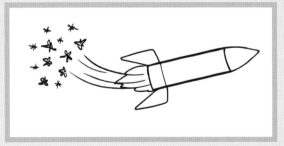	

먼저, 나중

 나중인 것에 ◯표 하세요.

월, 화, 수, 목, 금, 토, 일.
월요일은 화요일보다 먼저야.
화요일은 월요일보다
나중이야.

(화요일)	월요일
목요일	수요일
금요일	월요일
토요일	일요일
오늘	내일
오늘	어제

월요일부터 요일을
순서대로 말해 봐!

문제를 다 푼 다음, 32쪽으로!

더 긴, 더 짧은

더 짧은 시간에 ◯표 하세요.

24시간 = 1일
7일 = 1주일
약 4주 = 1달
12달 = 1년

1년이 1달보다 더 길어.
1달은 1주일보다 더 길어.

1주	**(1일)**

1달	1년

1일	1시간

1년	1주

1주	1달

1주일은 1일보다 더 길어.
1일은 1시간보다 더 길어.

시간 계산하기

 글을 읽고, 시각에 알맞은 시계 스티커를 찾아 붙이세요.

9시의 1시간 뒤는 10시야.

소피아는 **9시**에 축구를 하러 나가요.

→ **1시간 뒤**에 돌아와요.

월리엄은 **4시**에 책을 읽기 시작했어요.

→ **1시간 뒤**에 책 읽기를 끝냈어요.

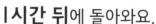

올리비아는 **5시**에 수영장에 도착했어요.

→ 집에서 **1시간 전**에 나왔어요.

잭슨과 린은 **9시 30분**에 기차를 탔어요.

→ 기차가 **1시간 뒤**에 도착해요.

잘했어!

칭찬 스티커를 붙이세요.

문제를 다 푼 다음, 32쪽으로!

여러 가지 동전

 점선을 따라 동전의 금액을 쓰세요.

 금액에 맞는 동전 스티커를 찾아 붙이세요.

동전마다 크기도 모양도 달라.

십 원

오십 원

백 원

오백 원

 금액에 맞는 동전을 찾아 ◯표 하세요.

동전의 한쪽 면에는 숫자,
다른 한쪽 면에는 그림이 그려져 있어.
어떤 그림이 그려져 있을까?

50원

10원

500원

100원

백 원

오십 원

칭찬 스티커를
붙이세요.

잘했어!

문제를 다 푼 다음, 32쪽으로!

동전 세기

 동전을 세어 보세요.

 얼마인지 ☐ 안에 알맞은 수를 쓰세요.

동전마다 금액이 달라.
10원짜리 동전은
10씩 뛰어 세면 돼.

    30 원

       원

         ☐ 원

    ☐ 원

          ☐ 원

          원

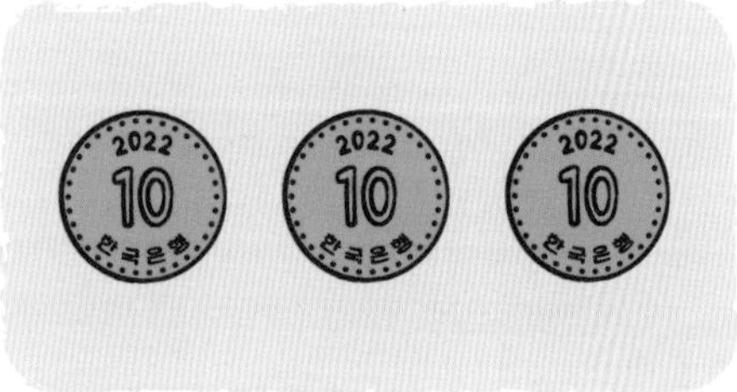

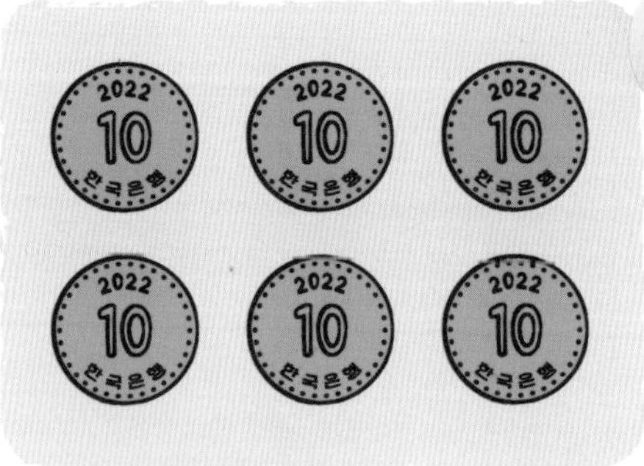

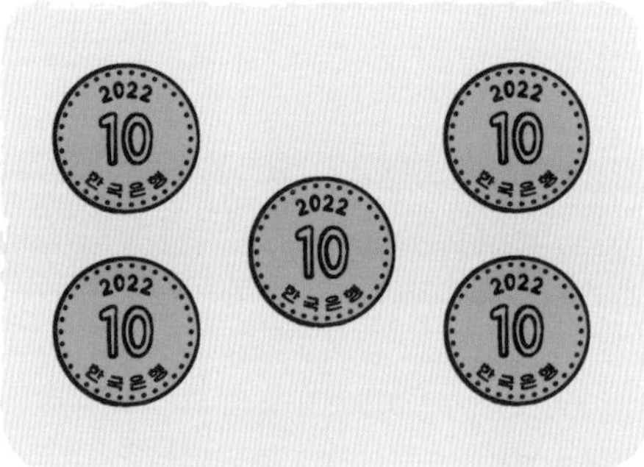

| 50 | 100 | 150 | 200 | 250 | 300 |

 동전을 세어 알맞은 금액에 ◯표 하세요.

50원짜리 동전은
50씩 뛰어 세면 돼.
50, 100, 150, 200, 250, 300.
너도 셀 수 있니?

100원   200원

250원   200원

200원   150원

250원   300원

50원

150원

500원   300원

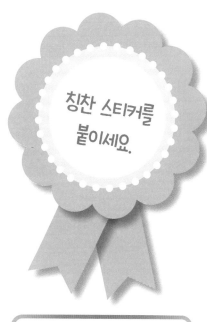

칭찬 스티커를
붙이세요.

문제를 다 푼 다음, 32쪽으로!

동전 계산하기 (1)

 동전을 세어 보세요.

 얼마인지 ⬭ 안에 알맞은 수를 쓰세요.

50원짜리 동전들은 50씩 뛰어 세고, 10원짜리 동전들은 10씩 뛰어 세.

50원짜리 동전이 2개면 100원. 10원짜리 동전이 1개면 10원. 합하면 110원.

 110 원

 ⬭ 원

 ⬭ 원

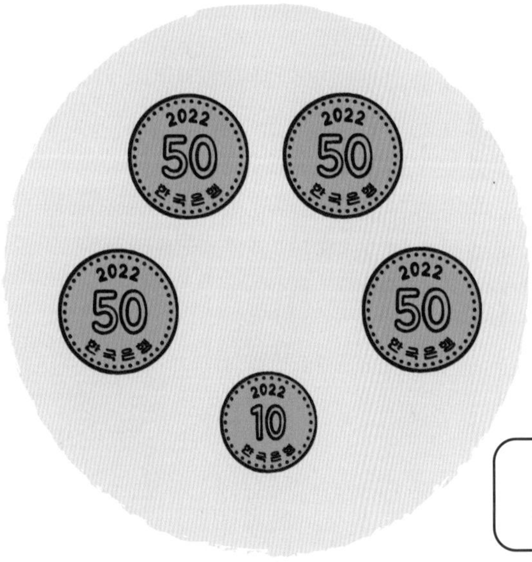

 ⬭ 원

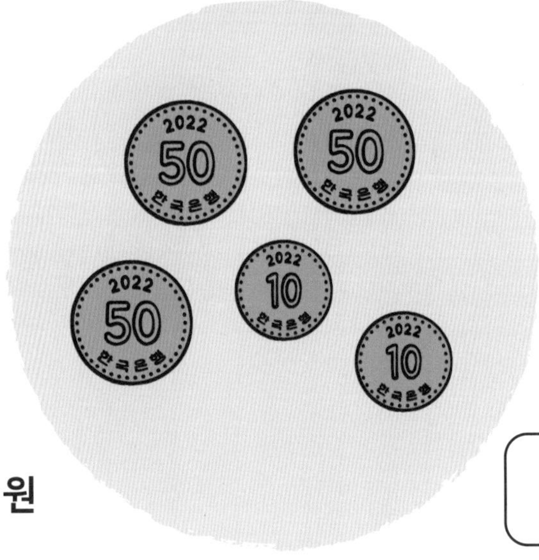

 ⬭ 원

금액에 맞게 동전을 묶으세요.

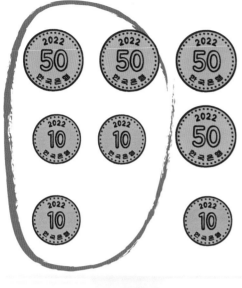

130원

220원

160원

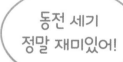
동전 세기 정말 재미있어!

330원

칭찬 스티커를 붙이세요.

문제를 다 푼 다음, 32쪽으로!

동전 계산하기 (2)

모두 얼마인지 동전을 세어 보고,
알맞은 금액을 찾아 선으로 이으세요.

100원짜리 동전은
100씩 뛰어 세면 돼.
100, 200, 300,
400, 500.

400원

300원

200원

700원

500원

600원

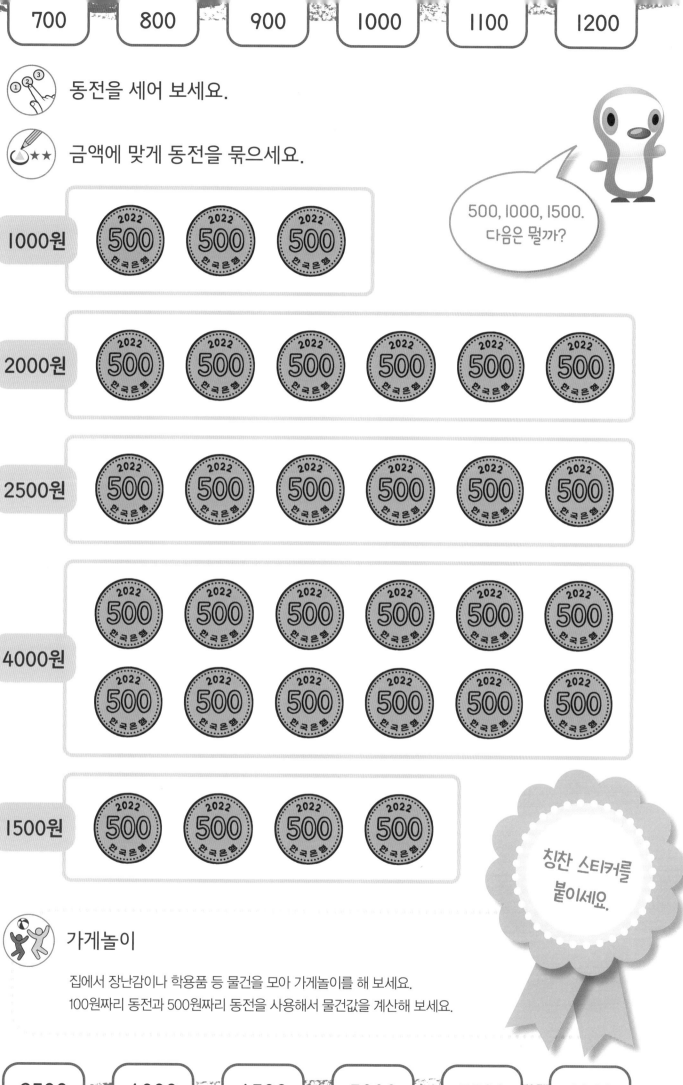

동전을 세어 보세요.

금액에 맞게 동전을 묶으세요.

500, 1000, 1500.
다음은 뭘까?

1000원

2000원

2500원

4000원

1500원

칭찬 스티커를
붙이세요.

가게놀이

집에서 장난감이나 학용품 등 물건을 모아 가게놀이를 해 보세요.
100원짜리 동전과 500원짜리 동전을 사용해서 물건값을 계산해 보세요.

동전 계산하기 (3)

 동전을 세어 보세요.

 얼마인지 ⬜ 안에 알맞은 수를 쓰세요.

> 100원짜리
> 동전이 2개면 200원.
> 10원짜리 동전이 5개면 50원.
> 모두 합하면 250원이야.

250 원

 원

⬜ 원

 원

 원

 원

금액에 맞게 동전을 묶으세요.

300원

> 각 동전의 금액을 잘 알고 있지?

250원

500원

750원

> 동전 계산하기 정말 재미있다!

> 칭찬 스티커를 붙이세요.

800원

문제를 다 푼 다음, 32쪽으로!

물건값 계산하기

 아래의 동전들로 살 수 있는 물건 스티커를 찾아 붙이세요.

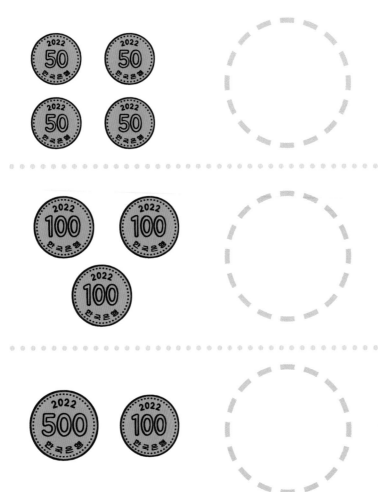

난 곰 인형이 갖고 싶어. 얼마면 살 수 있을까?

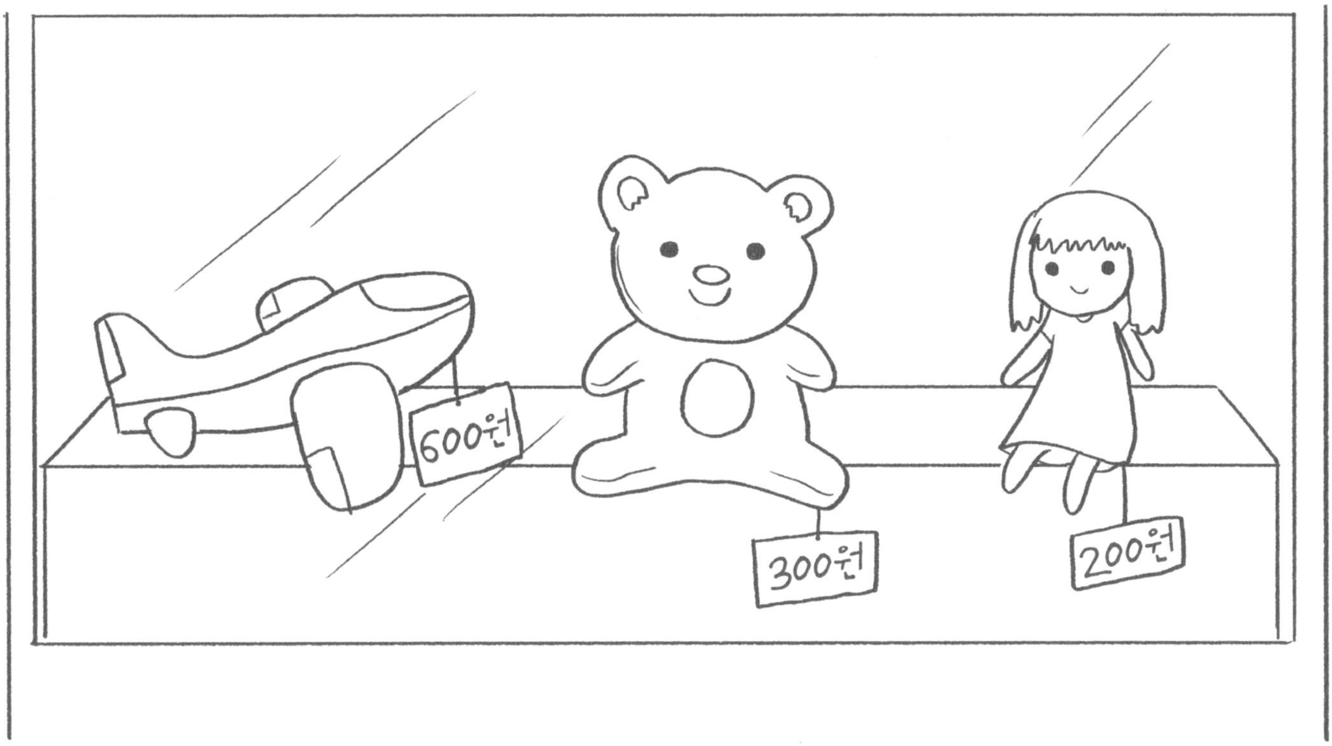

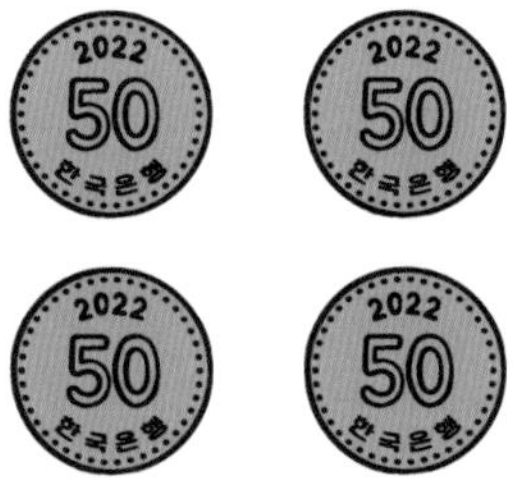

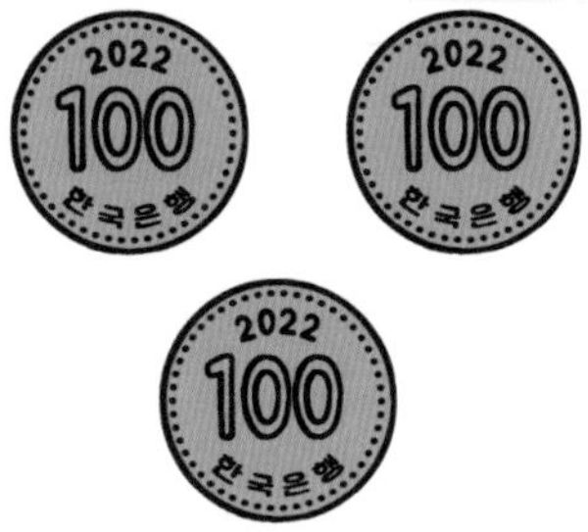

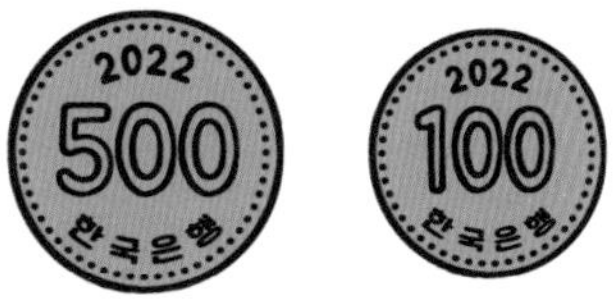

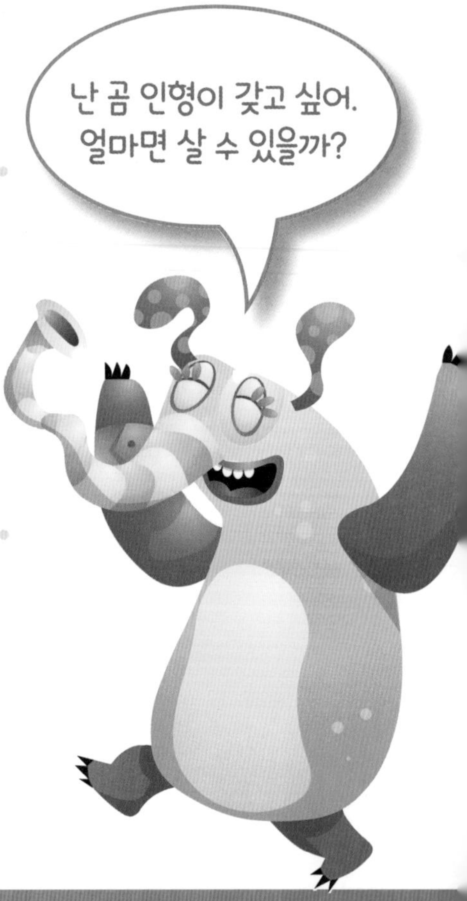

물건값을 더해 보고, 같은 금액끼리 선으로 이으세요.

네가 가진 돈으로 무엇을 몇 개 살 수 있니?

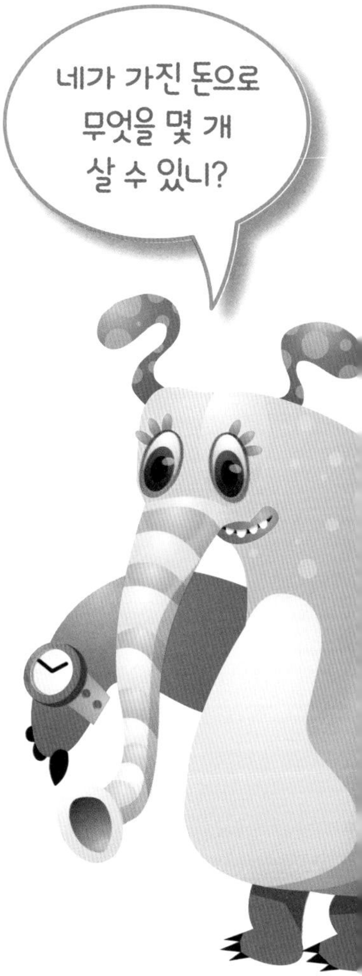

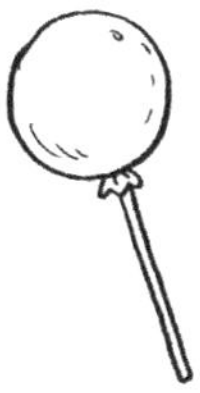

50원

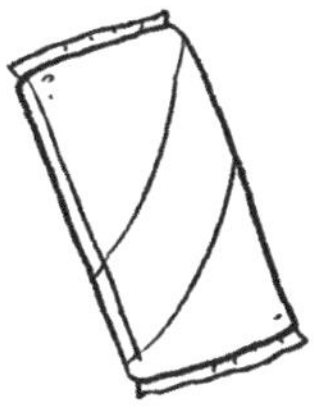

100원

150원 ——————————

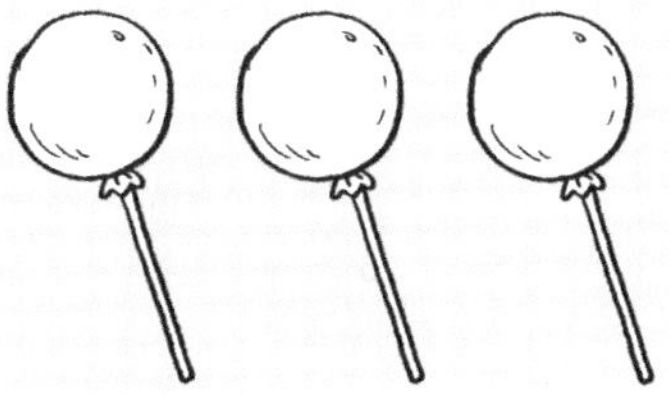

200원

600원

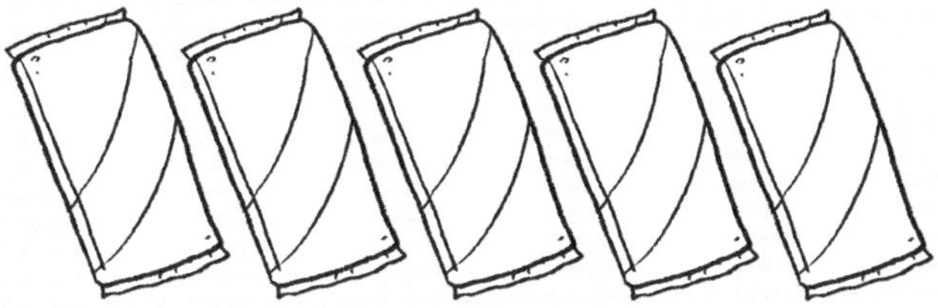

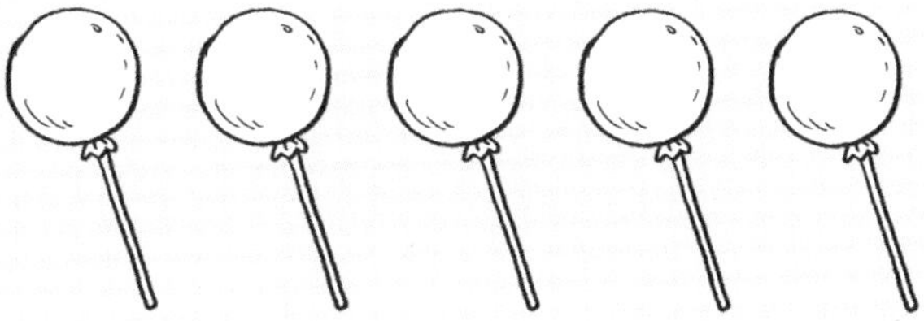

500원

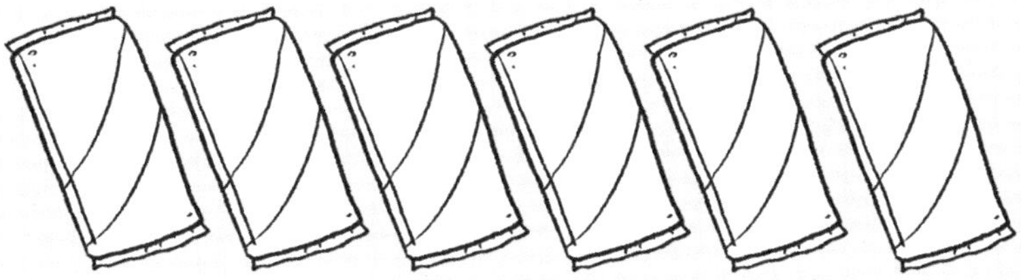

250원

칭찬 스티커를 붙이세요.

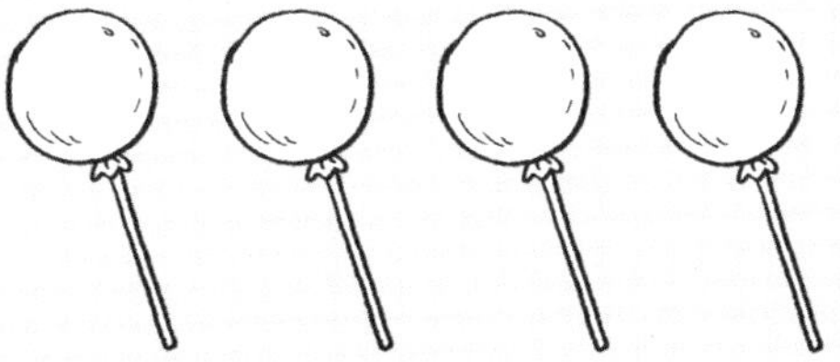

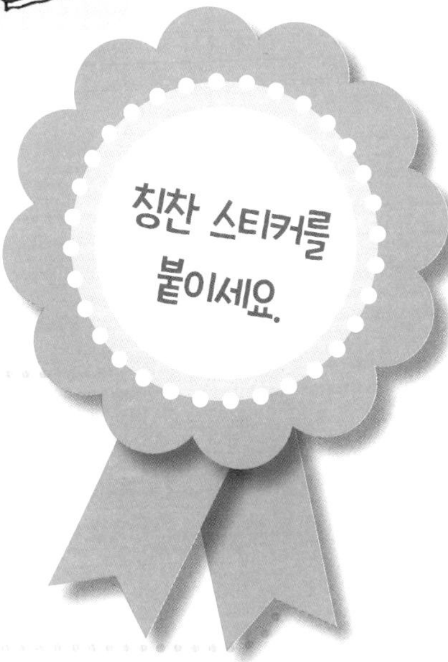

 계산 놀이

지갑에 있는 동전을 꺼내서 모두 얼마인지 계산해 보세요. 가지고 있는 돈으로 50원짜리 막대 사탕을 몇 개나 살 수 있을지 계산해 보세요.

문제를 다 푼 다음, 32쪽으로!

여러 가지 지폐

 얼마인지 ⬭ 안에 알맞은 수를 쓰세요.

1000 원

모든 돈에는 숫자가 쓰여 있어.
이 숫자들은 각각의 돈이
얼마짜리인지 금액을 나타내.
돈에 쓰여 있는 숫자를 찾아봐!

⬭ 원

⬭ 원

종이에 인쇄된 돈을
지폐라고 해.

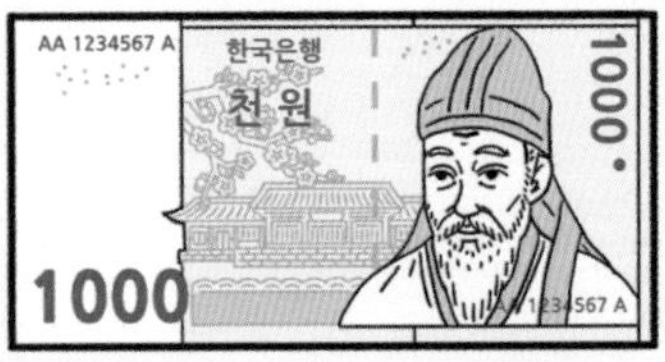

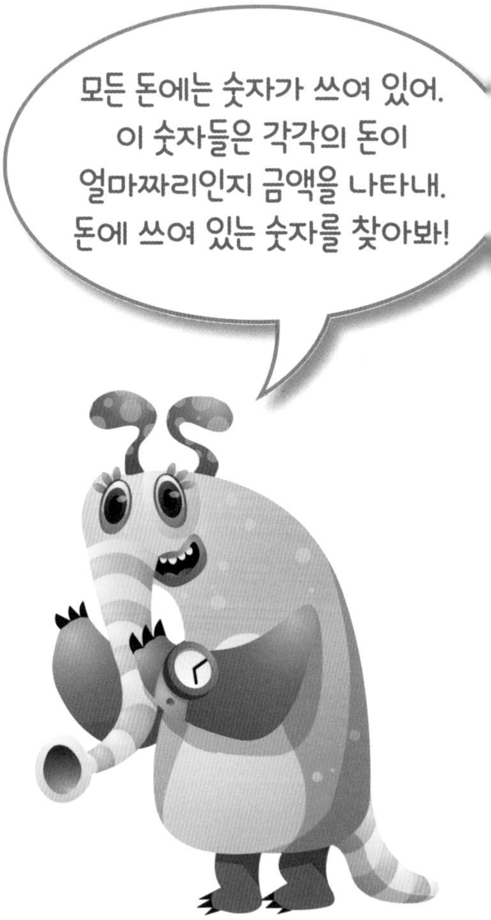

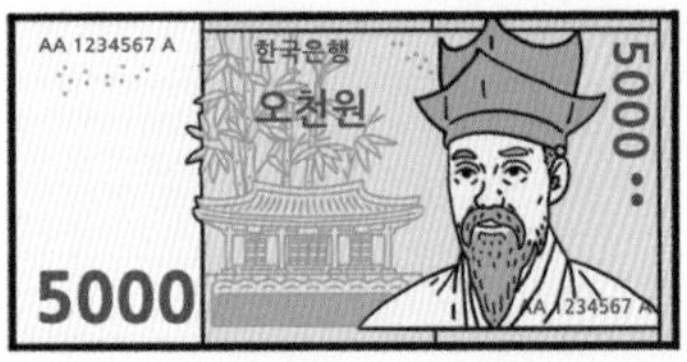

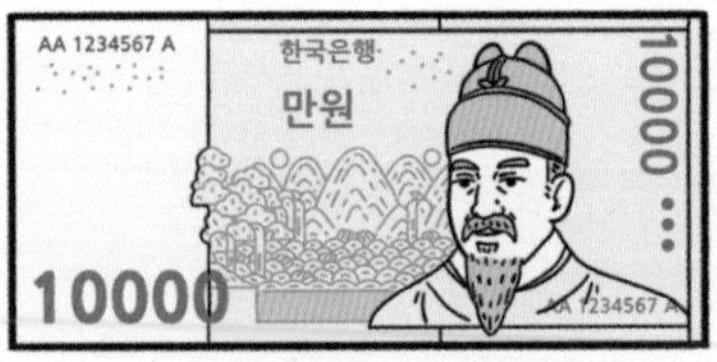

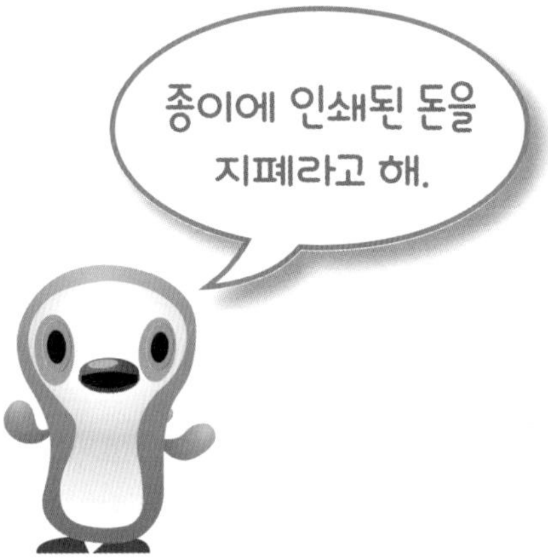

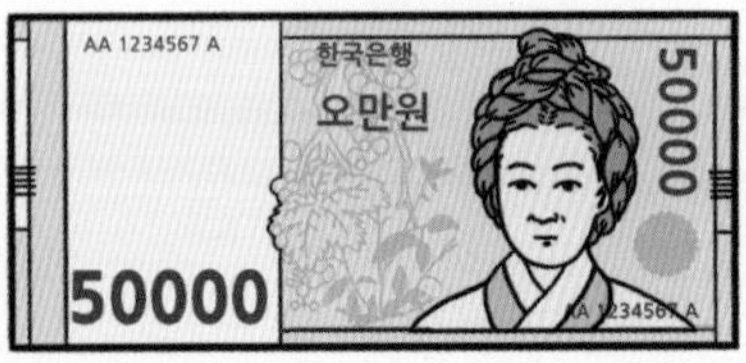

⬭ 원

같은 금액끼리 선으로 이으세요.

1000원, 5000원, 10000원, 50000원짜리 지폐가 있어.

칭찬 스티커를 붙이세요.

 지폐 놀이

1000원짜리 지폐, 5000원짜리 지폐, 10000원짜리 지폐가 있다면 모두 얼마인지 세어 보세요.
그 금액으로 살 수 있는 물건은 무엇인지 찾아보세요.

문제를 다 푼 다음, 32쪽으로!

나의 실력 점검표

 얼굴에 색칠하세요.

	잘할 수 있어요.
	할 수 있지만 연습이 더 필요해요.
	아직은 어려워요.

쪽	나의 실력은?	스스로 점검해요!
2~3	하루 일과를 시간 순서대로 정리할 수 있어요.	☺ ☺ ☹
4~5	초, 분, 시간을 구분할 수 있어요.	☺ ☺ ☹
6~7	시계를 보고, 몇 시인지 말할 수 있어요.	☺ ☺ ☹
8~9	시곗바늘을 그려서 시계에 몇 시를 나타낼 수 있어요.	☺ ☺ ☹
10~11	시계를 보고, 몇 시 30분인지 말할 수 있어요.	☺ ☺ ☹
12~13	시곗바늘을 그려서 시계에 몇 시 30분을 나타낼 수 있어요.	☺ ☺ ☹
14~15	빠르고 느린 것을 구분할 수 있고, 먼저와 나중을 구분하여 말할 수 있어요.	☺ ☺ ☹
16~17	일, 주일, 월, 년의 단위를 알고, 시간을 계산할 수 있어요.	☺ ☺ ☹
18~19	10원, 50원, 100원, 500원짜리 동전을 각각 구분하여 알 수 있어요.	☺ ☺ ☹
20~21	10원짜리 동전끼리, 50원짜리 동전끼리 세서 얼마인지 알 수 있어요.	☺ ☺ ☹
22~23	10원짜리와 50원짜리 동전을 세서 얼마인지 알 수 있어요.	☺ ☺ ☹
24~25	100원짜리 동전끼리, 500원짜리 동전끼리 세서 얼마인지 알 수 있어요.	☺ ☺ ☹
26~27	10원, 50원, 100원, 500원짜리 동전을 세서 얼마인지 알 수 있어요.	☺ ☺ ☹
28~29	금액에 맞게 동전을 모으고 셀 수 있어요.	☺ ☺ ☹
30~31	여러 가지 지폐를 구분하여 그 금액을 알 수 있어요.	☺ ☺ ☹

나와 함께 한 공부 어땠어?

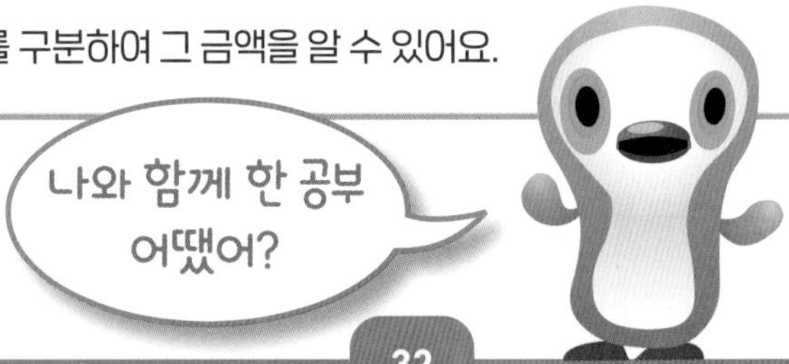

정답

2~3쪽

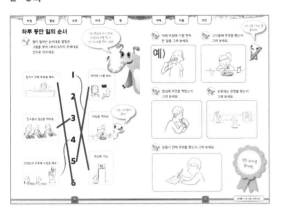

4~5쪽

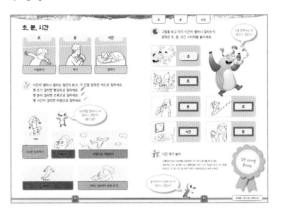

6~7쪽

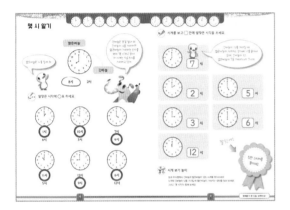

8~9쪽

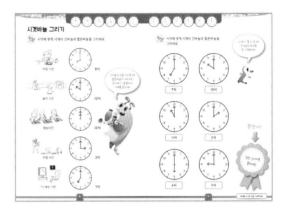

10~11쪽

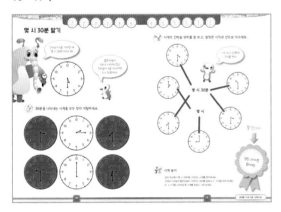

12~13쪽

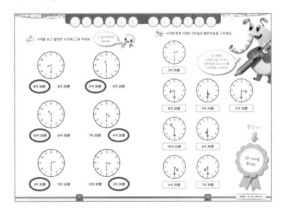

14~15쪽

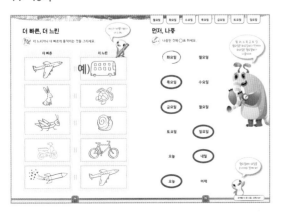

16~17쪽

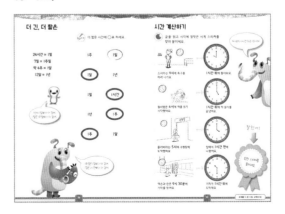

18~19쪽

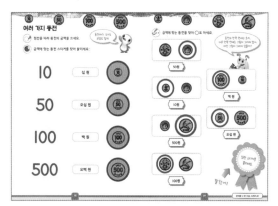

20~21쪽

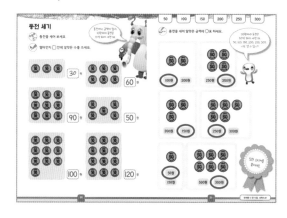

22~23쪽

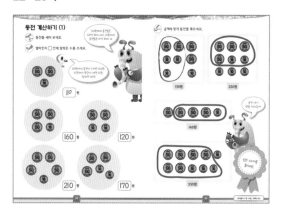

24~25쪽

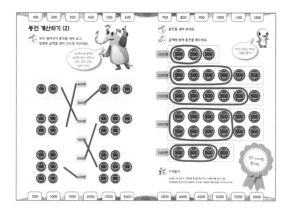

26~27쪽

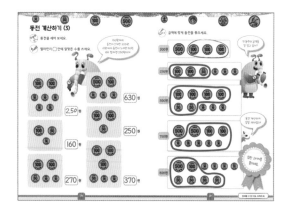

28~29쪽

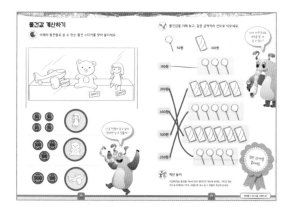

30~31쪽

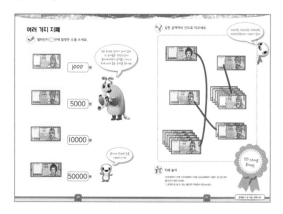

런런 옥스퍼드 수학

2-5 시간과 화폐

초판 1쇄 발행 2022년 12월 6일
글·그림 옥스퍼드 대학교 출판부 **옮김** 상상오름
발행인 이재진 **편집장** 안경숙 **편집 관리** 윤정원 **편집 및 디자인** 상상오름
마케팅 정지운, 김미정, 신희용, 박현아, 박소현 **국제업무** 장민경, 오지나 **제작** 신홍섭
펴낸곳 (주)웅진씽크빅
주소 경기도 파주시 회동길 20 (우)10881
문의 031)956-7403(편집), 02)3670-1191, 031)956-7065, 7069(마케팅)
홈페이지 www.wjjunior.co.kr **블로그** wj_junior.blog.me **페이스북** facebook.com/wjbook
트위터 @wjbooks **인스타그램** @woongjin_junior
출판신고 1980년 3월 29일 제406-2007-00046호
원제 PROGRESS WITH OXFORD: MATH
한국어판 출판권 ⓒ(주)웅진씽크빅, 2022 **제조국** 대한민국

『Time and Money』 was originally published in English in 2018.
This translation is published by arrangement with Oxford University Press.
Woongjin Think Big Co., LTD is solely responsible for this translation from the original work and
Oxford University Press shall have no liability for any errors, omissions or inaccuracies or ambiguities
in such translation or for any losses caused by reliance thereon.

Korean translation copyright ⓒ2022 by Woongjin Think Big Co., LTD
Korean translation rights arranged with Oxford University Press through EYA(Eric Yang Agency).

ISBN 978-89-01-26521-6
ISBN 978-89-01-26510-0 (세트)

잘못 만들어진 책은 바꾸어 드립니다.
주의 1. 책 모서리가 날카로워 다칠 수 있으니 사람을 향해 던지거나 떨어뜨리지 마십시오.
　　 2. 보관 시 직사광선이나 습기 찬 곳은 피해 주십시오.